Bibliografische Information der Deutschen Nationalbibliothek:

Die Deutsche Bibliothek verzeichnet diese Publikation in der Deutschen Nationalbibliografie; detaillierte bibliografische Daten sind im Internet über http://dnb.d-nb.de/ abrufbar.

Impressum:

Druck und Bindung: Books on Demand GmbH, Norderstedt Germany
ISBN: 9783640744404

Dieses Buch bei GRIN:

https://www.grin.com/document/160739

Nick Sander

Erstellung und Evaluierung eines statistischen Formmodells des Kieferknochens

GRIN Verlag

UNIVERSITÄT ZU LÜBECK

INSTITUT FÜR MEDIZINTECHNIK

Bachelorarbeit

Erstellung und Evaluierung eines statistischen Formmodells des Kieferknochens

Nick Sander

Institut für Medizintechnik

UNIVERSITÄT ZU LÜBECK

INSTITUT FÜR MEDIZINTECHNIK

Bachelorarbeit

Erstellung und Evaluierung eines statistischen Formmodells des Kieferknochens

Construction & Evaluation of a Statistical Shape Model of the Jaw Bone

Bearbeiter: Nick Sander

Abgabedatum: 31. August 2010

imt
Institut für Medizintechnik

Kurzfassung

Mit statistischen Formmodellen (SFM) lassen sich zu erwartende Formvariationen einer bestimmten Objektklasse auf kompakte Weise repräsentieren. Der wesentliche Vorteil dieser elastisch deformierbaren Modelle ist die inhärente Beschränkung der erlaubten Formvariabilität innerhalb statistisch plausibler Grenzen. Somit ist die robuste Abbildung bislang unbekannter, patientenindividueller Ausprägungen der jeweiligen Objektklasse und damit der Einsatz von SFM für komplexe Aufgabenstellungen der medizinischen Bildverarbeitung wie z.B. die automatische Segmentierung von neuen Patientenaufnahmen möglich.
CT-Aufnahmen des (Unter-)Kiefers sind häufig durch von Metallen (Zahnfüllungen, Implantate) verursachte Bildartefakte erheblich gestört. Diese Artefakte sowie der hohe Rauschanteil bei der Low-Dose Dental CT machen eine zuverlässige Segmentierung der Knochenanatomie in vielen Fällen nahezu unmöglich. In dieser Arbeit soll deshalb ein statistisches Formmodell für den Unterkieferknochen erstellt werden. Hierzu wurden verschiedene Parametereinstellungen bei der Modellerstellung getestet, die sich unmittelbar auf die Güte des Modells auswirken.
Das Modell kann für die automatische Segmentierung des Unterkiefers eingesetzt werden. Dadurch ist eine Verbesserung der Visualisierung und somit eine Erhöhung des diagnostischen Nutzens artefakt- bzw. rauschbehafteter CT-Aufnahmen sowie eine genauere Planung chirurgischer Eingriffe möglich.

Inhaltsverzeichnis

1 Einleitung

Statistische Formmodelle werden in der Computer Vision und der Bildverarbeitung eingesetzt, beispielsweise für die automatische Gesichtserkennung oder die Segmentierung anatomischer Strukturen (Organe, Knochen). Des weiteren lassen sich Formmodelle bei der Diagnose von Krankheiten (z.B. Alzheimer), bei der Planung von radiologischen Behandlungen, sowie bei der Analyse von bewegten Objekten einsetzen.
Medizinische Bilder sind stets mit Rauschen behaftet sowie durch weitere Artefakte gestört. Aus diesem Grund ist es hilfreich Vorkenntnisse über die Form der zu untersuchenden Struktur zu haben, um eine automatische Erkennung und Segmentierung ermöglichen zu können. Ein statistisches Formmodell liefert eben dieses Vorwissen über das Objekt. Dabei wird aus einer Menge von sogenannten Trainingsdaten eine Durchschnittsform und mögliche Formvariationen des Objektes bestimmt. Die Repräsentation des Trainingsobjektes erfolgt dabei durch eine gewisse Anzahl an Punkten auf der Oberfläche, den sogenannten Landmarken. Die wesentliche Herausforderung bei der Erstellung eines statistischen Formmodells (SFM) aus Trainingsdaten ist die Bestimmung von korrespondierenden Landmarken über alle Instanzen des Trainingsdatensatzes. Im dreidimensionalen Raum ist dabei nur eine automatische Bestimmung von korrespondierenden Punkten praktikabel.
Ziel dieser Arbeit ist es ein statistisches Formmodell für den Kieferknochen zu erstellen. Im ersten Schritt ist die Segmentierung der Trainingsdaten erforderlich. Besondere Aufmerksamkeit soll dabei auf eine möglichst effiziente Segmentierungsstrategie gelegt werden. Anschließend wird aus den segmentierten Daten ein Formmodell erstellt und dessen Güte qualitativ und quantitativ evaluiert.
Da die Qualität von CT- oder MRT-Aufnahmen durch Artefakte, die durch Zahnfüllungen bzw. Implantate aus Metall oder starke Bewegungen des Patienten entstehen, vermindert wird, kann die Diagnose einer Anomalie oder die Planung einer Operation für den Arzt erschwert werden. Insbesondere soll das erstellte Formmodell dazu dienen die Bildqualität von Kopfaufnahmen zu verbessern, um dem Arzt bei medizinischen Anwendungen wie beispielsweise dem Einsetzen von Implantaten oder bei chirurgischen Eingriffen am Kiefer eine verbesserte Visualisierung der Aufnahmen zur Verfügung zu stellen. Zudem ist auch eine Anwendung des Formmodells bei chirurgischen Korrekturen von Missbildungen am Kiefer vorstellbar [1]. In einem solchen Fall ist die eigentliche Form nicht bekannt und beruht zumeist ausschließlich auf der subjektiven Einschätzung durch den Arzt.

Zu Beginn dieser Arbeit (Kapitel 2) werden die wesentlichen anatomischen Merkmale und prominente Formvariationen des Unterkieferknochens zusammengefasst. Im Anschluss daran wird in Kapitel 3 auf die mathematischen Grundlagen zur Erstellung eines statistischen Formmodells eingegangen. Dazu gehört die mathematische Repräsentation von Formen, die Einführung von Landmarken und die Modellierung statistischer Formvariabilität. Außerdem soll das Problem der Korrespondenzbestimmung näher erläutert werden.
In Kapitel 4 wird das verwendete Material (CT-Daten, Software) und die eingesetzten Methoden beschrieben. Hierzu wird zuerst der Trainingsdatensatz, der zur Erstellung des statisti-

schen Formmodells verwendet wird, genauer beschrieben. Danach erfolgt eine Einführung in die Software *ITK-SNAP*, mit der die Segmentierung der Daten erfolgt und eine Erläuterung der Schritte, die zur Erstellung des statistischen Formmodells nötig sind. Die Modellerstellung gliedert sich in vier Schritte. Eine Vielzahl an Parametern beeinflusst sowohl die Güte der Segmentierungen, als auch die Güte der erstellten Modelle. Als Übergang zum Kapitel 5 werden aus diesem Grund Gütekriterien genannt, die eine qualitative bzw. quantitative Bewertung sowohl der Segmentierungen, als auch der erstellten Modelle ermöglicht.
Im abschließenden Kapitel 5 erfolgt die Evaluierung der Segmentierungen und der erstellten Modelle.

2 Kieferknochen

2.1 Anatomische Merkmale

Der Unterkiefer (Mandibula) ist ein beweglicher, hufeisenförmiger Knochen des Gesichtsschädels. Der Unterkieferkörper *(Corpus mandibulae)* bildet das Fundament des Unterkieferknochens. An beiden Seiten des Unterkiefers befindet sich der aufsteigende Unterkieferast *(Ramus mandibulae)*, an dessen Ende sich der Muskelfortsatz/Kronenfortsatz *(Processus coronoideus)* und der Gelenkfortsatz *(Processus condylaris)* mit dem Kiefergelenkskopf *(Caput mandibulae)* anschließen. Zwischen dem Muskelfortsatz und dem Gelenkfortsatz liegt die *Incisura mandibulae*. Der Kiefergelenkskopf und die Kiefergelenkspfanne bilden zusammen das Kiefergelenk, welches den Unterkiefer mit dem Schläfenbein *(Os temporale)* verbindet. Es dient der Bewegung des Unterkiefers und ist daher für die Nahrungsaufnahme, das Sprechen und die Mimik von größter Bedeutung.

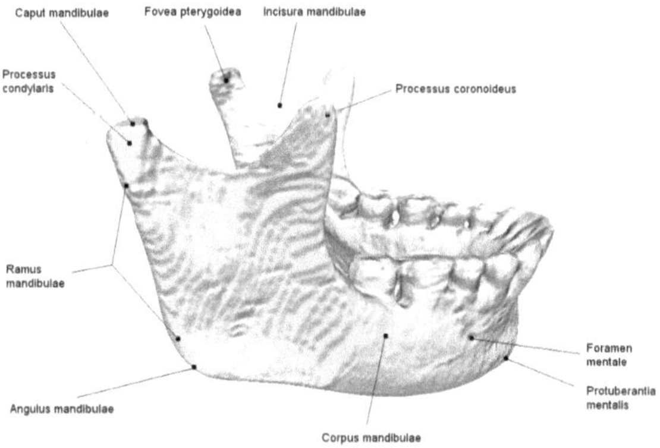

Abbildung 2.1: Unterkiefer, laterale Ansicht

Das Kinnloch *(Foramen mentale)* ist der Austrittsort des Nervus mentalis (Abb. 2.1). An der Innenseite hingegen befindet sich das Unterkieferloch *(Foramen mandibulae)*, welches als Eintrittsstelle für den Nervus alveolaris inferior (innerviert Zähne im Unterkiefer) dient (siehe Abb. 2.2). Bei einem gesunden, erwachsenen Menschen besitzt der Unterkieferknochen insgesamt 16 Zähne (siehe Abb.2.2 oben), selten kann auch eine Über- oder Unterzahl von Zähnen vorliegen.

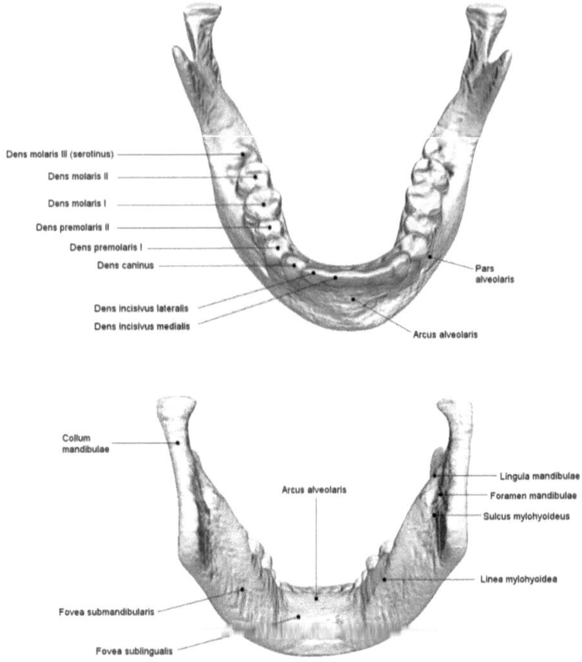

Abbildung 2.2: rostrale Ansicht des Unterkiefers (oben), nasale Ansicht des Unterkiefers (unten)

2.2 Prominente Formvariationen

Im Folgenden sollen mögliche Variationen des Unterkieferknochens aufgeführt werden. In erster Linie variieren Unterkiefer in ihrer Zahl an Zähnen. Außerdem kann sich sowohl die Breite als auch die Höhe des Kieferknochens stark von Patient zu Patient unterscheiden. Der Unterkieferwinkel *(Angulus mandibulae)* zwischen dem Unterkieferast und dem Unterkieferkörper nimmt Werte zwischen 90° und 140° (bei zahnlosen Greisen) ein. Des weiteren gibt es starke Unterschiede sowohl bei der Form des Gelenk- und des Muskelfortsatzes, als auch bei der Einkerbung zwischen beiden.

3 Statistische Formmodelle

3.1 Formenrepräsentationen

Im medizinischen Bereich liegen Trainingsdaten häufig in Form von segmentierten Volumenaufnahmen vor. Abhängig von der Segmentierungsmethode lassen sich verschiedene initiale Repräsentationen der Form unterscheiden. Mögliche Formenrepräsentationen sind z.B. binäre Voxel Daten, Fuzzy Voxel Daten oder Oberflächennetze. Die erste grundlegende Entscheidung bei der Erstellung des Formmodells ist also die Wahl der Formrepräsentation. In jedem Fall können alle Formenrepräsentationen ineinander überführt werden [2].
Voraussetzung für die weitere Betrachtung ist die Definition von n_D Oberflächen D_i mit $\{i = 1, \ldots, n_D\}$, die den sogenannten Trainingsdatensatz bilden. Dabei beruhen Formenrepräsentationen häufig auf dem *Punkt Verteilungs Modell (PDM = Point Distribution Model)* [3]. Jede Form D_i wird durch n_P Punkte, den sogenannten Landmarken, repräsentiert. Alle Punkte werden zu einem Formvektor x_i zusammengefasst, der die jeweilige Form D_i beschreibt:

$$x_i = \left((l_{i1})^T, \ldots, (l_{in_P})^T\right)^T, \tag{3.1}$$

mit den dreidimensionalen Koordinaten

$$l_{ij} = ((x_{ij}), (y_{ij}), (z_{ij}))^T, \; i = 1, \ldots, n_D, \; j = 1, \ldots, n_P. \tag{3.2}$$

Im Fall einer äquidistanten Abtastung gilt: Um so größer n_P ist, d.h. je dichter die Abtastung der Form D_i erfolgt, umso besser repräsentieren die Punkte die tatsächliche Form.
Eine weitaus kompaktere Beschreibung der Form sind die *M-Reps* [4]. Seit ihrer Einführung wurden sie erfolgreich bei der Segmentierung, Registrierung und Formenunterscheidung eingesetzt [2]. Die Repräsentation der Form erfolgt dabei durch eine Anzahl von Punkten auf der Mittelachse des Objektes und Vektoren, die von diesen Punkten auf die Oberfläche zeigen.
Es existiert eine Mehrzahl von anderen Möglichkeiten Formen zu repräsentieren, die im Folgenden nur kurz genannt werden sollen. Mit Hilfe von *sphärischen Harmonischen (SPHARM)* [5], einem Satz von Basisfunktionen, können Oberflächen mit einer sphärischen Topologie beschrieben werden. Eine Erweiterung stellen die *Oberflächen-Harmonischen* [6] dar, welche darüber hinaus in der Lage sind nicht-sphärische Topologien zu repräsentieren. Weitere Möglichkeiten der Formrepräsentation sind *Wavelets* [7] und *NURBS (non-uniform rational B-Splines)* [8], die hier nur exemplarisch genannt werden sollen.

3.2 Bestimmung von Landmarken

Der Aufwand einer manuellen Bestimmung von Landmarken ist für 2D Formen noch akzeptabel, in 3D hingegen ist dieser Prozess sowohl zeitintensiv, als auch sehr stark vom Benutzer

abhängig. Im Folgenden soll deshalb ein mögliches Verfahren zur automatischen Bestimmung von Landmarken vorgestellt werden.
Man unterscheidet zwischen drei verschiedenen Landmarken: anatomische, mathematische und Pseudo-Landmarken [9]. Als anatomische Landmarken bezeichnet man Punkte, die auf biologische Weise korrespondieren und von einem Experten bestimmt wurden, wie beispielsweise der Punkt am Schädel, an dem zwei Schädelnähte aufeinander treffen. Mathematische Landmarken sind Punkte auf dem Objekt, die in Anlehnung an geometrische oder mathematische Eigenschaften des Objektes platziert wurden. Extremalpunkte oder Punkte, an denen eine starke lokale Krümmung des Objektes vorliegt, sind meist Kandidaten für mathematische Landmarken. Pseudo-Landmarken liegen entweder zwischen anatomischen oder mathematischen Landmarken oder sind entlang der Oberflächenkontur platziert. Im Allgemeinen wird die Landmarke repräsentiert durch eine Menge von nicht unbedingt benachbarten Punkten l_j mit $\{j = 1, \ldots, n_b\}$ bzw. durch den räumlichen Schwerpunkt $\omega = \sum_{j=1}^{n_b} l_j$. Die Punktmenge L_j mit $\{j = 1, \ldots, n_L\}$ markiert einen Teil eines Objektes bzw. ein prominentes, markantes Merkmal.
Der nun vorgestellte Algorithmus zur automatischen Bestimmung von Landmarken kann alternativ zur zeitraubenden, manuellen Bestimmung verwendet werden. Dabei wird die Erkenntnis ausgenutzt, dass bei der Glättung der Oberfläche durch eine lokale Mittelwertbildung eine deutlich stärkere Veränderung der Position von Punkten, die einem markanten Oberflächenmerkmal entsprechen, als bei den anderen Punkten erfolgt. Je öfter die Glättung erfolgt, desto stärker ist die Wirkung dieses Effekts.

Nach Roth [10] gliedert sich der Algorithmus in fünf Schritte:

1. **Resampling**
   Voraussetzung für die Glättung der Oberfläche und für die Detektion der Landmarken ist die Gleichverteilung der Punkte auf der Oberfläche. Andernfalls lässt sich die Veränderung der Punktpositionen durch die Glättung nicht vergleichen. Aus diesem Grund muss die Oberfläche des zu untersuchenden Objektes durch neue Punkte, Kanten und Dreiecke ergänzt werden. Dabei werden bereits vorhandene Dreiecke in kleinere Teildreiecke unterteilt.

2. **Glättung**
   Danach erfolgt die wiederholte Glättung des Objektes G. Im ersten Schritt wird dabei ein neues Objekt $\tilde{G}$ gebildet, welches vorerst nur eine Kopie des Ausgangsmodells G darstellt. Auf dem Objekt $\tilde{G}$ erfolgt nun mehrfach eine lokale arithmetische Mittelwertbildung der Objektpunkte, d.h. die Koordinaten jedes Punktes von $\tilde{G}$ werden durch den Mittelwert aus dem betrachteten Punkt sowie den Koordinaten der benachbarten Punkte (durch Kante verbunden) ersetzt.

3. **Berechnung des Abstandes**
   Nun erfolgt ein Vergleich des Objektes G mit dem geglätteten Objekt $\tilde{G}$, wobei für jeden Punkt aus G der Abstand zum entsprechenden Punkt aus $\tilde{G}$ berechnet wird. Je stärker die Glättung, desto größer ist der Abstand zwischen dem Punkt aus G und dem Punkt aus $\tilde{G}$.

4. **Maximumsuche**
   Punkte, die ein markantes Merkmal auf der Oberfläche repräsentieren, werden stärker

geglättet als andere Punkte. Folglich ist es sinnvoll die Punkte mit den maximalen Positionsveränderungen zu finden. Die Suche nach lokalen Maxima liefert in diesem Fall eine Menge an potentiellen Landmarken in Form von Punkten auf der Oberfläche.

5. **Gruppierung**
   Ausgehend von den gefundenen Landmarken-Kandidaten im vorherigen Schritt werden nun jeweils die benachbarten Punkte betrachtet und eventuell zu der Menge der betrachteten Landmarke hinzugefügt. Sofern folgende Kriterien erfüllt sind, wird der betrachtete Punkt zur Menge der Landmarke hinzugefügt:

   - Der betrachtete Nachbarpunkt gehört noch keiner anderen Landmarke an
   - Der Abstand zwischen diesem Punkt und dem Kandidaten überschreitet einen maximalen Abstand h_{max} nicht
   - Die Anzahl der Punkte, die der Landmarke bereits angehören, überschreitet eine maximale Anzahl g_{max} nicht
   - Der betrachtete Punkt hat eine Positionsveränderung $\geq r_{max}$ durch die Glättung erfahren

Das vorgestellte Verfahren liefert jedoch nur sinnvolle Ergebnisse, wenn das zu untersuchende Objekt markante Extremalpunkte besitzt. Weniger effizient ist das Verfahren beispielsweise bei Strukturen wie dem Femurknochen, da hier auf Grund der wenigen Extremalpunkte die Zahl der gefundenen Landmarken geringer ist. Im weiteren Verlauf der Arbeit wird dieser Algorithmus jedoch nicht verwendet. In dieser Arbeit erfolgt die Lokalisation von Landmarken durch Abbildung der Form auf eine Einheitskugel, Initialisierung durch äquidistante Abtastung und anschließende iterative Optimierung der initialen Korrespondenzen. Im Gegensatz dazu beschreibt der oben aufgeführte Algorithmus von Roth et al. eine Alternative, die geometrische Eigenschaften (z.B. Krümmung) berücksichtigt, und soll deshalb nur als eine in die Thematik einführende Ergänzung dienen.

3.3 Modellierung statistischer Formvariabilität

3.3.1 Ausrichtung

Eine Form wird definiert als die geometrische Information, die übrig bleibt, wenn Orientierung, Skalierung und Translation entfernt werden [11].
Die Ausrichtung der Objekte stellt sicher, dass während der statistischen Formanalyse nicht die Translation und Rotation, sondern nur die Formvariationen modelliert werden. Ziel bei der Ausrichtung aller Trainingsobjekte ist es demnach lineare Transformationen T_i zu finden, welche die Distanz R zwischen der Form x_i und der mittleren Form $\overline{x}$ minimiert.
Die Distanzfunktion R ist definiert als

$$R(\{T_i\}) = \sum_{i=1}^{n_D} |T_i(x_i) - \overline{x}|^2, \tag{3.3}$$

wobei

$$\overline{x} = \frac{1}{n_D} \sum_{i=1}^{n_D} x_i. \tag{3.4}$$

Dabei wird die lineare Transformation T_i auf jeden Punkt l_{ij} von x_i gleichermaßen angewendet.
Für die lineare Transformation T_i gilt:

$$T_i(l_{ij}) = B_i(l_{ij}) + c_i \qquad , l_{ij} \in \mathbb{R}^3, B_i \in \mathbb{R}^{3x3}, c_i \in \mathbb{R}^3. \tag{3.5}$$

Die verallgemeinerte Procrustes-Analyse ist ein häufig verwendeter Algorithmus zur Ausrichtung von Objekten. Im ersten Schritt wird für jedes Trainingsobjekt D_i der Schwerpunkt $\{\psi_i = \sum_{j=1}^{n_P} l_{ij}\}$ berechnet. Die Objekte werden anschließend in einem Koordinatensystem mit dem Schwerpunkt als Ursprung platziert. Vor der eigentlichen Ausrichtung wird die Größe jedes einzelnen Trainingsobjektes normiert. Dabei können die Skalierungsfaktoren so gewählt werden, dass der durchschnittliche Abstand aller Punkte eines Objektes von dessen Schwerpunkt den Wert 1 ergibt [10].

Die Procrustes-Analyse gliedert sich in vier Schritte [12]:

1. Wahl einer Form x_k als die initiale Einschätzung der mittleren Form $\overline{x}$ (beispielsweise die erste Form).

2. Ausrichtung der Formen an der mittleren Form $\overline{x}$ durch die Berechnung von

$$T_i = \underset{T}{\operatorname{argmin}} |T(x_i) - \overline{x}|^2 \quad , \forall\, i = 1, \ldots, n_D \tag{3.6}$$

3. Bestimmung von $x_i = T_i(x_i)$ $\forall\ i = 1, \ldots, n_D$ und Berechnung der mittleren Form $\overline{x}$

4. Falls sich die mittlere Form ändert, so erfolgt ein Sprung zu Schritt 2, ansonsten wird der Algorithmus beendet

Nach Bookstein [13] sollte das Verfahren bereits nach zwei Iterationen konvergieren und somit die Formen ausgerichtet sein.

3.3.2 Statistische Formvariabilität

Um die statistische Formvariabilität in kompakter Weise darstellen zu können, wird die sogenannte *Hauptkomponentenanalyse (PCA = Principal Component Analysis)* angewendet. Dabei wird zuerst die Durchschnittsform $\overline{x}$ aus den Formen x_i berechnet. Voraussetzung ist, dass die Formen bereits in Anlehnung an Kapitel 3.3.1 gegenseitig ausgerichtet worden sind. Bei einer gleichmäßigen Deformation der Oberfläche bewegen sich korrespondierende Punkte in gegenseitiger Abhängigkeit. Bei einer lokalen Vergrößerung werden sich beispielsweise benachbarte Punkte überwiegend in dieselbe Richtung bewegen. Quantitativ kann diese Korrelation gemessen werden, indem die sogenannte Kovarianzmatrix K berechnet wird.

Diese repräsentiert die Abweichung der Trainingsformen von der Durchschnittsform gemäß Cootes et al. [3]:

$$K = \frac{1}{n_D}\sum_{i=1}^{n_D}[(x_i - \overline{x})(x_i - \overline{x})^T]. \tag{3.7}$$

Die Kovarianzmatrix K kann nun durch deren Eigenvektoren p_j diagonalisiert werden. Die zu den Eigenwerten λ_j gehörenden n_D Eigenwerte p_j bilden eine Menge orthogonaler Basisvektoren, die spaltenweise in eine Matrix $P = (p_1 p_2 \dots p_{n_D})$ angeordnet werden[1]. Durch die Beschränkung auf die $n_E \leq n_D$ Eigenvektoren mit der stärksten Ausprägung wird sichergestellt, dass nur die signifikanten Variationen in das statistische Modell übernommen werden.

Unter Verwendung des aus $\overline{x}$ und der Matrix $P = (p_1 p_2 \dots p_{n_E})$ bestehenden, linearen statistischen Formmodells (SFM) können die Formen x_i auf kompaktere Weise durch

$$x_i = \overline{x} + Pb = \overline{x} + \sum_{j=1}^{n_E} p_j b_j \tag{3.8}$$

dargestellt werden, wobei im Vektor $b = (b_1 b_2 \dots b_{n_E})^T$ die sogenannten Formparameter angeordnet sind. Durch die Variation von b können neue, repräsentative Formen berechnet werden. Der Wert n_E lässt sich mit der Gleichung

$$\min_{n_E}\left(\frac{\sum_{i=1}^{n_E}\lambda_i}{\sum_{i=1}^{n_D-1}\lambda_i} \geq \delta\right) \tag{3.9}$$

bestimmen [10], dabei kann δ entsprechend des zu modellierenden Variationsanteils zwischen 0% und 100% gewählt werden ($\delta \in [0.0 \dots 1.0]$). Außerdem ist es üblich die Formparameter b_j auf das Dreifache der Standardabwechung der entsprechenden Hauptkomponente p_j zu beschränken

$$-3\sqrt{\lambda_j} \leq b_j \leq 3\sqrt{\lambda_j}, \tag{3.10}$$

um die Formvariabilität nur innerhalb plausibler Grenzen zuzulassen.

3.4 Das Korrespondenzproblem

In Kapitel 3.2 wurde bereits ein Verfahren zur automatischen Bestimmung von Landmarken im Sinne von geometrisch oder anatomisch bedeutungsvollen Punkten oder Punktmengen vorgestellt.

Als Korrespondenzproblem wird die Suche nach Landmarkenkorrespondenzen über die gesamte Menge der Trainingsdaten $x_1 \dots x_{n_D}$ bezeichnet. Sind bereits n_p markante Punkte auf dem Objekt definiert, so muss der j-te Punkt von x_i mit dem j-ten Punkt von x_k, $k \neq i$, $j = 1, \dots, n_p$ korrespondieren. Hinsichtlich der Hauptkomponentenanalyse aus Kapitel 3.3.2 ist die Bestimmung von Korrespondenzen eine notwendige Voraussetzung für die Quantifizierung der statistischen Formvariabilität. Nur korrekte Korrespondenzen gewährleisten die Erstellung eines sinnvollen statistischen Formmodells.

[1] Im weiteren Verlauf der Arbeit werden die p_j auch als Hauptmoden bezeichnet.

Das Korrespondenzproblem entspricht der Suche nach bijektiven Korrespondenzfunktionen f_{ik}, so dass gilt:

$$f_{ik} : D_i \rightarrow D_k, \qquad i, k = 1, \ldots, n_D, i \neq k. \tag{3.11}$$

Die Suche nach f_{ik} erfolgt dabei durch die Minimierung des sogenannten Kostenfunktionals:

$$\min_{f_{ik}} E\left(f_{ik}, D_i, D_k\right). \tag{3.12}$$

Dieses Kostenfunktional kann in unterschiedlicher Weise gemessen werden. Der Euklidische Abstand beispielsweise gibt die Ähnlichkeit der Formen D_i und D_k in Form eines Abstandswertes an [14]:

$$\begin{aligned} d(D_i, D_k) &= \sum_{j=1}^{n_P} d(l_{ij}, D_k) \\ &= \sum_{j=1}^{n_P} \min_{l_{kf} \in D_k} ||l_{ij} - l_{kf}|| \\ &= \sum_{j=1}^{n_P} \min_{l_{kf} \in D_k} \left(\sqrt{(x_{ij} - x_{kf})^2 + (y_{ij} - y_{kf})^2 + (z_{ij} - z_{kf})^2} \right) \\ &\text{mit } l_{ij} = (x_{ij}, y_{ij}, z_{ij}) \in D_i, \\ &\quad\;\; l_{kf} = (x_{kf}, y_{kf}, z_{kf}) \in D_k \end{aligned} \tag{3.13}$$

Des Weiteren wird zwischen der paarweisen und gruppenweisen Korrespondenzfindung unterschieden. Bei der paarweisen Korrespondenzfindung wird die Korrespondenz zwischen zwei Formen gesucht. Für eine Referenzform D_i wird ein Formvektor x_i definiert und jeweils die korrespondierenden Punkte auf den Formen D_k, $k = 1, \ldots, n_D, k \neq i$ bestimmt. Bei der gruppenweisen Korrespondenzfindung hingegen wird versucht die Korrespondenzen zwischen allen Formen untereinander simultan zu optimieren.
Neben der oben genannten Suche nach Korrespondenzfunktionen f_{ik} kann auch nach sogenannten Parametrisierungen der Formen gesucht werden. Dabei wird die Oberfläche D_i zunächst auf eine Zwischenoberfläche S mittels einer Hilfsfunktion $g_i : D_i \rightarrow S$ abgebildet. Für die Korrespondenzfunktion f_{ik} gilt demnach

$$f_{ik} = g_k^{-1} \circ g_i. \tag{3.14}$$

Die Korrespondenzfunktion lässt sich also darstellen als eine Verkettung der Hilfsfunktion g_i und der inversen Funktion g_k^{-1}. Da die Funktionen g_i und g_k^{-1} bijektiv sind, sind auch die Funktionen f_{ik} bijektiv.

Für die Parametrisierung von geschlossenen, dreidimensionalen Oberflächen existiert eine Vielzahl unterschiedlicher Ansätze. Dabei sollte insbesondere auf Winkel- und Flächentreue geachtet werden. In dieser Arbeit liegen die Daten als triangulierte Netze vor. Demnach bilden drei Punkte auf der Oberfläche des Objektes ein Dreieck, welchem eine spezifische Fläche sowie drei spezifische Innenwinkel zugeordnet werden können. Ziel bei der Parametrisierung

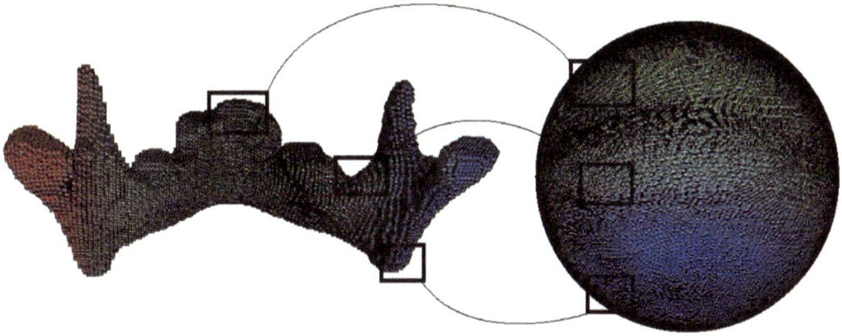

Abbildung 3.1: Parametrisierung des Unterkiefers: die markierten Flächen zeigen die entsprechenden Flächen des Unterkiefers nach Abbildung auf die Einheitskugel

der Oberfläche ist es die Flächen und Winkel der Oberflächendreiecke zu erhalten, andernfalls ist die Parametrisierung flächen- und/oder winkelverzerrt. In der Regel kann bestenfalls eine der beiden Eigenschaften vollständig erhalten bleiben [15].

Als geeignete Parametrisierung wird oft eine stetige, bijektive Abbildung der äußeren Flächen der Randvoxel auf die Oberfläche einer Einheitskugel (siehe Abb.3.1) [16], [17] verwendet. Lamecker et. al. [18] hingegen benutzt sogenannte Patches, um eine Oberfläche zu parametrisieren. Dabei werden interaktiv alle Oberflächen des Trainingssatzes gleichermaßen in Flächenteile (Patches) zerlegt. Jedes dieser einzelnen Patches wird auf eine Kreisscheibe abgebildet. Die Parametrisierungen der entsprechenden Patches unterschiedlicher Flächen werden übereinandergelagert und so Korrespondenzfunktionen zwischen diesen erstellt [19]. Die Wahl der Zwischenoberfläche S hängt im Allgemeinen von der Topologie der Trainingsformen D_i ab. Für die Korrespondenzfindung bei dem Unterkieferknochen wird im weiteren Verlauf der Arbeit die Einheitssphäre als Zwischenoberfläche verwendet, da der Unterkieferknochen eine geschlossene Oberfläche vom Genus-0 darstellt und somit homeomorph zur Einheitssphäre ist.

4 Material und Methoden

4.1 Beschreibung des Datensatzes

Dieser Arbeit liegen 12 CT-Aufnahmen zu Grunde. Für 8 von 12 CT-Datensätzen liegen *DICOM*-Dateien vor. *DICOM* ist ein offener Standard und ermöglicht eine Kommunikation zwischen medizinischen Geräten unabhängig von dem Hersteller oder der verwendeten Systemplattform. Neben Objektdefinitionen wie beispielsweise mathematische Informationen, Bilddaten oder behandlungsspezifische Informationen beinhaltet der sogenannte *DICOM*-Header auch Metainformationen wie z.B. Aufnahmedatum, Arztname, Patientenname oder Geburtsdatum des Patienten[2]. Aus den *DICOM*-Headern lässt sich folglich das Alter der untersuchten Patienten ableiten. Demnach sind die Patienten zwischen 23 und 77 Jahre alt, 2 der 8 Patienten sind männlich, 5 der 8 Patienten weiblich und bei einem Patienten ist der *DICOM*-Header unvollständig. Da mit dem Formmodell möglichst viele Variationen modelliert werden sollen, ist es wünschenswert bereits bei der Wahl der Patienten eine breit gestreute Stichprobe zur Verfügung zu haben.
Alle CT-Aufnahmen sind mit Rauschen behaftet. Grund für das Rauschen ist beispielsweise der Dunkelstrom der einzelnen Detektorelemente. Weiterhin schwankt die Anzahl der von der Röntgenquelle abgestrahlten Photonen mit der Zeit, was als Photonenrauschen bezeichnet wird. Da dieser unerwünschte Effekt durch Nachbearbeitungsverfahren unterdrückt werden kann, hat dies nur ein geringen Effekt auf die Segmentierung der Daten. Einen wesentlich gravierenderen Effekt auf die Segmentierung haben die Bildartefakte, die durch Zahnfüllungen entstehen (siehe Abb.4.1).

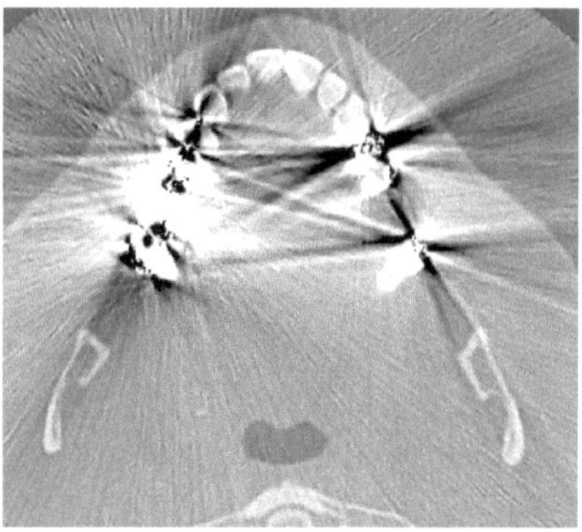

Abbildung 4.1: Durch Zahnfüllungen verursachte Bildartefakte bei der CT.

[2] Vor der Verwendung wurden alle Daten anonymisiert

Bei 9 von 12 Aufnahmen können Metallartefakte beobachtet werden. Diese Metallartefakte haben negative Auswirkungen auf die Bildqualität, da sich die streifenförmigen Artefakte über große Bereiche des Bildes ausbreiten und deshalb relevante Informationen überdecken. Da die Artefakte ähnliche Intensitätswerte wie die Zähne aufweisen wird darüber hinaus eine Segmentierung der Daten erschwert.

4.2 Technische Implementierung

Für die Segmentierung der CT-Aufnahmen wird die Software *ITK-SNAP* [20], mit der eine automatische Segmentierung möglich ist, verwendet. Bei der Segmentierung wird jedem Voxelelement in dem Bild ein *Label* zugeordnet. Ein *Label* ist ein Wert zwischen 0 und 255. Des weiteren gehört zu einem Label ein Name und eine frei wählbare Farbe. Bei der ersten Bearbeitung eines Bildes ist jedem Voxelelement das Label mit dem Wert 0 zugeordnet.
Neben einer automatischen Segmentierung ist auch eine manuelle Segmentierung möglich, die jedoch zeitintensiv ist und somit im weiteren Verlauf der Arbeit nicht eingesetzt werden soll. Die Methode hinter der automatischen Segmentierung wird *„Schlangen-Evolution“* („snake evolution“) [21] genannt.
In *ITK-SNAP* sind zwei unterschiedliche Verfahren zur automatischen Segmentierung implementiert. Zum einen ein *kantenorientiertes* Verfahren von Caselles et al. [22], zum anderen ein *regionenorientiertes* Verfahren von Zhu et al. [23].
Beide Verfahren können durch die Kräftegleichung

$$K(t, \mathbf{u}) = F_{innen} + F_{außen} \tag{4.1}$$

beschrieben werden [20]. Dabei beschreibt $K(t, \mathbf{u})$ die Gesamtkraft zur Zeit t mit $\mathbf{u}$ als Parameter. Die Kräfte F_{innen} und $F_{außen}$ wirken auf die Kontur oder die *„Schlange“* ein, wobei die innere Kraft F_{innen} abhängig ist von der Geometrie der Kontur und die äußere Kraft $F_{außen}$ von den Informationen im Bild beeinflusst wird. In Abb. 4.2 sind die äußeren Kräfte als grüne Pfeile und die inneren Kräfte als gelbe Pfeile dargestellt.

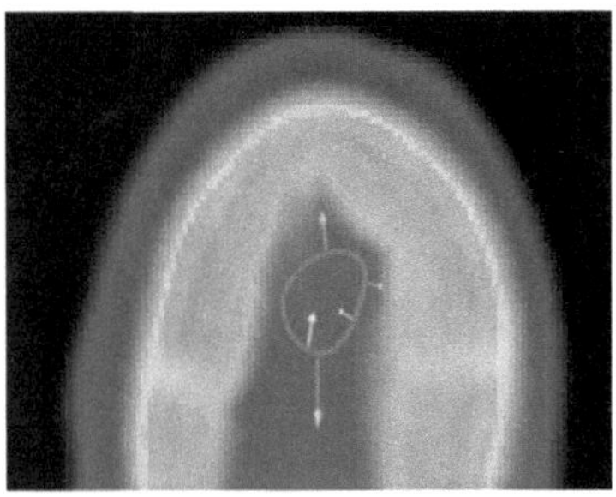

Abbildung 4.2: Die Kontur der „Schlange“ (rot) und die auf sie wirkenden Kräfte F_{innen} (gelb) sowie $F_{außen}$ (grün)

Für das *kantenorientierte* Verfahren von Caselles gilt

$$K(t, \mathbf{u}) = [\alpha g_B + \beta \kappa g_B + \gamma \nabla g_B \mathbf{N}]\mathbf{N}, \tag{4.2}$$

wobei **N** die Konturnormale, κ die mittlere Krümmung der Kontur und α, β, γ frei wählbare Wichtungsparameter sind. Der erste Term in Gleichung 4.2 beschreibt die äußere Kraft, der zweite Term die Kraft nach Innen und der dritte Term die Advektions-Kraft, die nach Innen gerichtet ist, wenn Bereiche der Kontur zu spitz werden. Letzteres soll vor allen Dingen zur Verbesserung der Segmentierungsgüte beitragen.
Die Funktion g_B nimmt mit dem Gradienten des gefalteten Bildes B ab,

$$g_B = f\left(\frac{||\nabla(F_\sigma \star B)||}{\max ||\nabla(F_\sigma \star B)||}\right), f(x) = \frac{1}{1+(\frac{x}{\nu})^\lambda}. \tag{4.3}$$

Die Parameter ν und λ sind frei wählbar. Der Term $F_\sigma \star B$ beschreibt eine Faltung des Bildes mit dem Gauß'schen-Faltungskern F_σ, wobei σ ebenfalls frei wählbar ist.

Dem *regionenorientierten* Verfahren in *ITK-SNAP* liegt die Gleichung

$$K(t, \mathbf{u}) = [\alpha(P_{Obj} - P_{Hin}) + \beta\kappa]\mathbf{N} \tag{4.4}$$

zu Grunde. Im ersten Term ist erkennbar, dass die äußere Kraft proportional zu der Differenz von P_{Obj} (= Wahrscheinlichkeit P (Voxel $\in$ Objekt)) und P_{Hin} (= Wahrscheinlichkeit P (Voxel $\in$ Hintergrund)) ist. Anhand eines zuvor vom Benutzer definierten Schwellwertes (einseitig oder zweiseitig) wird dabei eingeschätzt, wie hoch die Wahrscheinlichkeit ist, dass das betrachtete Voxelelement zum Objekt bzw. nicht zum Objekt gehört. Die sogenannte *Smoothness* $\in [1.0 \ldots 10.0]$ legt fest wie glatt der Übergang zwischen dem Hintergrund und der zu segmentierenden Struktur ist. Der zweite Term beschreibt erneut die nach Innen wirkende Kraft F_{innen}.
Zu Beginn der Segmentierung sind alle oben genannten Parameter ($\alpha, \beta, \gamma, \lambda, \nu, \sigma$, *Smoothness*) durch den Benutzer einstellbar. Darüber hinaus kann zu Beginn durch den Benutzer Anzahl, Position und Größe der initialen Konturen in dem CT-Bild bestimmt werden.

4.3 Erstellung des statistischen Formmodells

Ziel dieser Arbeit ist die Erstellung eines statistischen Formmodells für den Kieferknochen. Folgende Schritte sind dafür nötig:

1. Rauschreduzierung der CT-Aufnahmen.
2. Finden einer optimalen Segmentierungsstrategie (Wahl geeigneter Parameter), Segmentierung der CT-Aufnahmen mit diesen Parametern.
3. Manuelle Nachbearbeitung der automatisch erstellten Segmentierungen.
4. Erstellung des statistischen Formmodells mit den Segmentierungen als Eingangsdaten.

4.3.1 Rauschreduktion

Grundvoraussetzung für die Erstellung des Modells sind Trainingsdaten, also Segmentierungen des Unterkiefers aus CT-Aufnahmen (siehe Abb.4.4). Mit Hilfe der in Abschnitt 4.2 genannten Software *ITK-SNAP* können diese Segmentierungen erstellt werden. Im ersten Schritt wird das Rauschen aus den CT-Aufnahmen entfernt. Das Rauschen führt zur

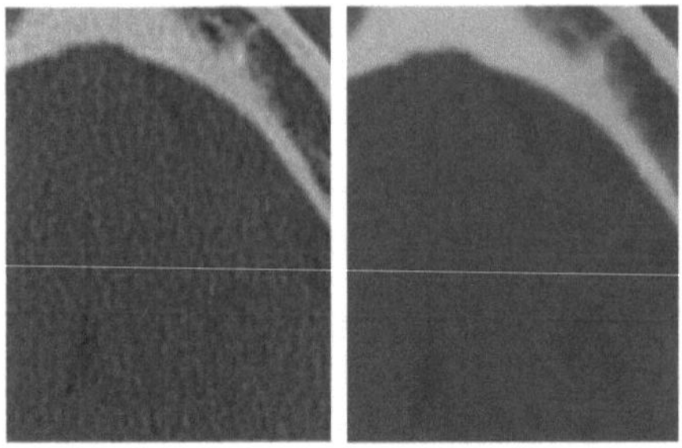

Abbildung 4.3: Einfluss der Rauschreduktion auf eine CT-Aufnahme: Originalaufnahme (links) und nach Rauschreduktion mittels anisotroper Diffusion (*Curvature Anisotropic Diffusion*, siehe [24]) (rechts).

signifikanten Verschlechterung der Aufnahmen. Die störenden Pixel weichen in ihren Intensitätswerten von denen des eigentlichen Bildes ab. Insofern stellt die Rauschreduktion einen ersten Schritt zur Qualitätssteigerung der Segmentierungsgüte dar.
Den Effekt der Rauschreduktion auf CT-Aufnahmen wird in Abb.4.3 dargestellt. Im linken Bild ist ein Ausschnitt einer Original-CT-Aufnahme und im rechten Bild derselbe Ausschnitt nach Rauschreduktion mittels anisotroper Diffusion dargestellt. Es ist deutlich erkennbar, dass die Pixel innerhalb der Knochenstruktur nach Rauschreduktion nahezu homogene Intensitätswerte annehmen.

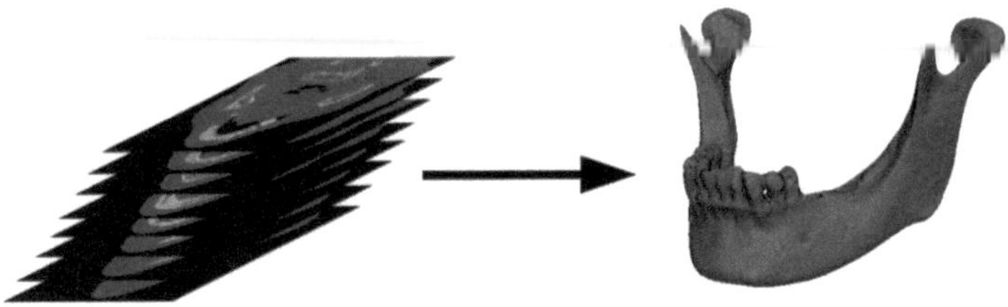

Abbildung 4.4: Erstellung einer Oberflächenrepräsentation aus einer CT-Aufnahme.

4.3.2 Segmentierung

Im Anschluss an die Rauschreduktion sollen Parameter ($\alpha, \beta, \gamma, \lambda, \nu, \sigma$, Smoothness, Anzahl, Position und Größe der initialen Konturen) ermittelt werden, die eine möglichst effiziente Segmentierung des Kiefers ermöglichen. Zur Evaluierung der Güte der Segmentierungen mit den Parametern dienen die qualitativen und quantitativen Kriterien aus Kapitel 4.4.1, wobei wir uns bei den quantitativen Kriterien nur auf den Jaccard-Koeffizienten und die Hausdorff-Distanz beschränken werden.
Anschließend erfolgt die manuelle Nachbearbeitung durch den Benutzer. Diese ist u.a. deswegen erforderlich, da eine Segmentierung der Bildartefakte (siehe Abb. 4.1) unvermeidlich

ist. Bei der manuellen Nachbearbeitung sollten „Löcher" in der Oberfläche geschlossen und segmentierte Bildartefakte manuell entfernt werden. Abbildung 4.5 zeigt das Ergebnis der Nachbearbeitung für einen exemplarischen Datensatz.

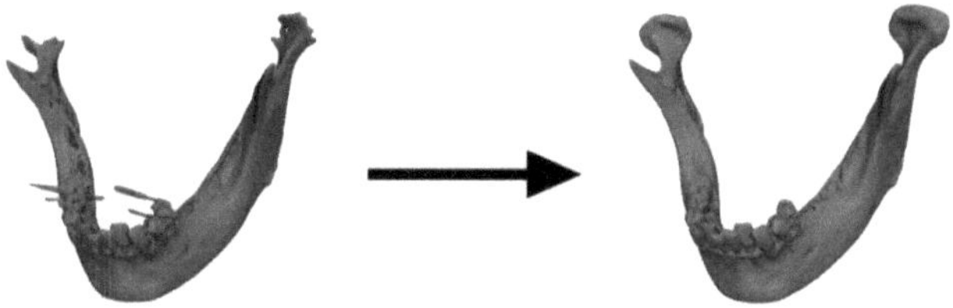

Abbildung 4.5: Ergebnis einer automatischen Segmentierung mit *ITK-SNAP* (links) und Ergebnis der manuellen Nachbearbeitung (rechts)

4.3.3 Modellerstellung

Für die automatische Erstellung eines statistischen Formmodelles aus Volumenaufnahmen wird das in [25] implementierte Verfahren verwendet. Das zugrunde liegende Prinzip soll im Folgenden erläutert werden. Prinzipiell lassen sich die beiden Aspekte Parametrisierung und Korrespondenzbestimmung unterscheiden.

Parametrisierung Nach der Segmentierung mittels *ITK-SNAP* liegen die segmentierten Volumenaufnahmen in Form von Labeldaten vor. Zu Beginn wird das Volumen jedes einzelnen Objektes durch kleine Kuben repräsentiert. Bei der Annahme, dass das Volumen des Objektes eine Dimension von (n_x, n_y, n_z) hat, können die Koordianten der Voxel folglich nur Werte zwischen $0 \leq x < n_x, 0 \leq y < n_y, 0 \leq z < n_z$ annehmen. Dabei kann jedes Voxel als ein Kubus angesehen werden, der sich von x bis $x+1$, y bis $y+1$, z bis $z+1$ ausdehnt. Die Koordinaten (x, y, z) werden als nominale Koordinaten der Voxel bezeichnet. Das Zentrum jedes einzelnen Voxels wird durch die Koordinaten $(x+\frac{1}{2}, y+\frac{1}{2}, z+\frac{1}{2})$ beschrieben. Jeder Kubus besteht aus vier Vertizes, wobei jedem Vertize eine eindeutig kennzeichnende Zahl (ID) zugeordnet wird. Durch diese ID können jedem Punkt die jeweiligen Koordinaten (x, y, z) und eine Liste der direkten bzw. diagonalen Nachbarn zugeordnet werde. Als *innere Punkte* bezeichnet man Punkte, die Eckpunkte von 8 Voxeldaten bilden. Alle anderen Punkte sind *äußere Punkte*, die die Oberfläche des Objektes repräsentieren.

In der kubischen Formrepräsentation ist die Abbildung auf die Einheitskugel einfacher möglich, da sowohl die Winkel als auch die Kanten aller Würfel gleich groß sind. Ziel bei der Abbildung auf die Einheitskugel ist es mögliche Verzerrungen (Winkel oder Flächen) gering zu halten. Da in der kubischen Formrepräsentation alle abzubildenden Flächen die gleiche Größe haben, können durch Berücksichtigung geeigneter Randbedingungen Verzerrungen in der Parametrisierung reduziert werden[3]. Die Abbildung einer Voxelfläche des Objektes auf die Oberfläche einer Einheitskugel wird in Abbildung 4.6 schematisch dargestellt.
Die Berechnung einer minimal verzerrten Parametrisierung kann betrachtet werden als ein

[3]Bei Vorliegen einer (beliebig) triangulierten Oberfläche würde diese zusätzliche Information nicht für die Berechnung einer minimal verzerrten Parametrisierung zur Verfügung stehen

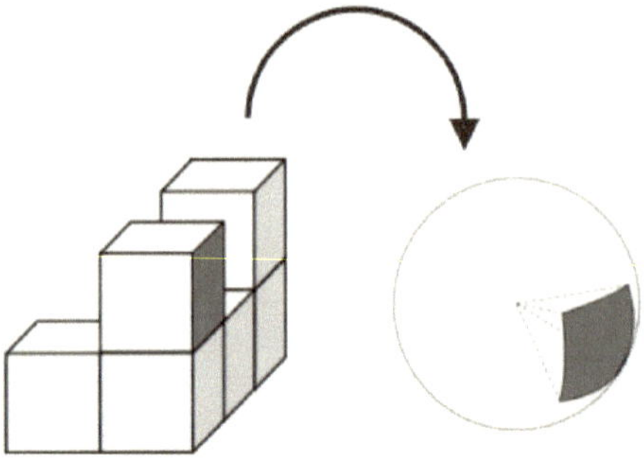

Abbildung 4.6: Eine Fläche des voxelierten Objektes wird möglichst verzerrungsfrei auf die Fläche einer Einheitskugel abgebildet (nach Brechbühler et al. [16])

Optimierungsproblem. Die Variablen sind die Koordinaten der Vertizes auf der Einheitskugel, wobei drei Beschränkungen zu beachten sind. Zum einen muss die Euklidische Norm jedes einzelnen Punktes 1 ergeben, zum anderen sollten die Flächengrößen erhalten bleiben. Außerdem sollten alle Winkel auf der Einheitskugel positiv und kleiner als π sein.
Die Parametrisierung erfolgt entsprechend dem vorgestellten Verfahren von Brechbühler et al. [16], wobei zunächst die Längen- und Breitengrade des Objektes bestimmt werden müssen.

Für die Breitengradbestimmung müssen zu Beginn zwei Punkte als Pole ausgewählt werden. Beispielsweise können die Vertizes mit minimaler und maximaler z-Koordinate als Süd- bzw. Nordpol gewählt werden. Da bei dem Unterkieferknochen an zwei Seiten der Unterkieferast aufsteigt, ist es nicht sinnvoll die Pole an Hand der z-Komponente festzulegen. In diesem Fall ist keine eindeutige Zuordnung der Pole möglich.
Nach Brechbühler et al. steigen die Breitengrade kontinuierlich von $\theta_{nord} = 0$ am Nordpol bis zu $\theta_{süd} = \pi$ am Südpol an. Um die Werte für die Breitengrade zu bestimmen, wird das Problem als Laplace-Gleichung $\nabla^2\theta = 0$ mit Dirichletbedingungen $\theta_{nord} = 0$, $\theta_{süd} = \pi$ formuliert. Da jeder Breitengrad am betrachteten Punkt ungefähr dem Durchschnitt der Breitengrade an den benachbarten Punkten entsprechen muss, kann ein lineares Gleichungssystem aufgestellt werden. Das Gleichungssystem kann geschrieben werden als $\hat{A}\hat{\theta} = \hat{b}$, wobei $\hat{A}$ eine n_P x n_P-Matrix, $\hat{\theta} = (\theta_0, \theta_1, \theta_2, ..., \theta_{n_P-1})$ und $\hat{b}$ ein Vektor von Konstanten mit der Länge n_P ist. Dabei bezeichnet n_P die Anzahl der Punkte des betrachteten Objektes. Die Randbedingungen stellen zwei Gleichungen bereit. Die Anwendung der Randbedingungen $\theta_0 = \theta_{nord} = 0$ und $\theta_{n_P-1} = \theta_{süd} = \pi$ reduziert das oben genannte Gleichungssystem zu $A\theta = b$, wobei A eine symmetrische n x n-Matrix $(n := n_P - 2)$ und $\theta = (\theta_1, \theta_2, ..., \theta_n)$ ist.
Das Problem der Längengradbestimmung kann ebenfalls als Laplace-Gleichung $\nabla^2\phi = 0$ formuliert werden. Im Gegensatz zum Breitengrad ist der Längengrad jedoch ein zyklischer Parameter, der Werte zwischen 0 und 2π annehmen kann. Für jeden Punkt des Objektes wird folglich ein Breitengrad θ und ein Längengrad ϕ berechnet, sodass eine initiale, kontinuierliche und eindeutige Abbildung von der Oberfläche auf die Einheitskugel definiert werden kann (siehe Abb. 4.7). Nach der initialen Abbildung sind auf der Einheitskugel starke Verzerrungen bezüglich der Flächen zu erkennen. Aus diesem Grund wird die initiale Abbildung dahingehend optimiert, dass alle Flächen in etwa die gleiche Größe haben.

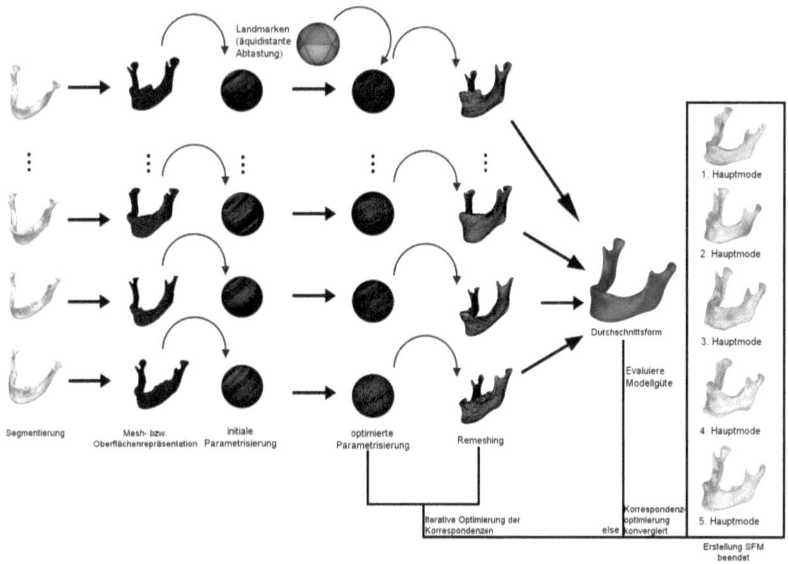

Abbildung 4.7: Erstellung eines SFM mittels Korrespondenzoptimierung

Korrespondenzbestimmung und -optimierung Anschließend werden Landmarken äquidistant auf allen sphärischen, gleich orientierten Parametrisierungen platziert. Die inverse Abbildung der platzierten Landmarken in den *„Objektraum"* führt zu einer initialen Korrespondenz. Eine weitere Möglichkeit der initialen Korrespondenz ist die Bestimmung der Koeffizienten der sphärischen Harmonischen, die ebenfalls dazu verwendet werden eine Parametrisierung des Unterkiefers zu erstellen. Diese Parametrisierung der SPHARM-basierten Formrepräsentation wird ebenfalls äquidistant abgetastet. Die Auswirkung der initialen Korrespondenz auf die Güte des Modells wird in Kapitel 5.2 näher erläutert. Um nicht geometrische Informationen wie Translation und Rotation in die Erstellung des Modells einfließen zu lassen, wird vor der Korrespondenzoptimierung die Procrustes-Ausrichtung angewendet. Die Formen werden dazu verwendet ein statistisches Formmodell mit Hilfe der Hauptkomponentenanalyse (3.8) aus Kapitel 3.3.2 zu konstruieren (Abb. 4.7). Mit Hilfe einer „Zielfunktion" kann die Qualität des Modells bewertet und die Korrespondenz optimiert werden. Es existieren mehrere Zielfunktionen, die im Folgenden beschrieben werden sollen. Die erste sogenannte Modell-basierte Zielfunktion ist die Determinante der Kovarianzmatrix. Diese Beschreibung ist nicht ganz zutreffend, da die Determinante der Kovarianzmatrix auf Grund der Präsenz von Eigenwerten mit dem Wert Null im Allgemeinen Null ist. Die Determinante der Kovarianzmatrix K ist daher als

$$K_{\text{det}} = \log(\det(K)) = \log(\prod_{i=1}^{n_E} \lambda_i) = \sum_{i=1}^{n_E} \log(\lambda_i) \tag{4.5}$$

definiert, wobei nur die Eigenwerte benutzt werden, die ungleich Null sind. Die Determinante misst dabei das Volumen im *„Formraum"* [3], das von den Trainingsformen belegt wird und begünstigt daher kompakte Modelle. Um die Determinante der Kovarianzmatrix trotz Eigenwerten mit dem Wert Null berechnen zu können, haben Kotcheff und Taylor [26] bei der Berechnung der Determinante eine Konstante ϵ hinzugefügt

$$K_{\text{det}} = \log(\det(K + \epsilon E)) - n_D \log\epsilon = \sum_{i=1}^{n_D} (\log(\lambda_i + \epsilon) - \log\epsilon), \tag{4.6}$$

wobei E die Einheitsmatrix bezeichnet. Bei einem positiven Wert für ϵ werden die Eigenwerte, die eigentlich Null sein sollten, größer als Null und somit zusätzliche Formdetails berücksichtigt. Die Determinante der Kovarianzmatrix ist intuitiv und leicht berechenbar, deshalb wird in dieser Arbeit die Determinante als Gütekriterium angewendet, um die Qualität des erstellten Modells nach der initialen Korrespondenz zu bewerten und zu optimieren. Weitere Gütekriterien, die ebenfalls an dieser Stelle eingesetzt werden könnten, sind Spezifität und Generalisierungsfähigkeit, die in Kapitel 4.4.2 näher beschrieben sind. Auf Grund der sehr langen Rechenzeit ist es jedoch nicht praktikabel diese Kriterien an dieser Stelle zu verwenden, da die Kriterien in jedem Schritt fortlaufend neu berechnet werden müssen, was eine mehrfache Modellerstellung in jeder Iteration erfordert.

Der Goldstandard ist die sogenannte minimale Beschreibungslänge (MDL = Minimum Description Length) des Modells. Dabei wird die Bewertung der Modellgüte als ein Problem der Übermittlung des gesamten Trainingsdatensatzes in Form einer kodierten Nachricht an einen Empfänger betrachtet. Die Länge dieser Nachricht wird als Beschreibungslänge bezeichnet. Dabei wird dem Empfänger eine Nachricht bestehend aus zwei Teilen gesendet. Zum einen die Parameter des Modells, sodass es dem Empfänger möglich ist das Modell rekonstruieren zu können. Zum anderen den durch das Modell kodierten Trainingsdatensatz. Die gesamte Länge der Beschreibungslänge kann somit als

$$MDL_{Gesamt} = MDL_{Parameter} + MDL_{Daten} \tag{4.7}$$

dargestellt werden.

Wie bereits erwähnt wird in dieser Arbeit die Determinante der Kovarianzmatrix angewendet, um die Modellgüte zu ermitteln und in einem iterativen Optimierungsprozess zu verbessern. Dabei wird schrittweise die Korrespondenz verändert und die Determinante berechnet bis schließlich keine oder nur eine unwesentliche Veränderung der Modellqualität beobachtet werden kann. Die Konvergenz führt zum Beenden der Modellerstellung.

4.4 Gütekriterien

4.4.1 Gütekriterien Segmentierung

Die Segmentierungen können sowohl qualitativ, als auch quantitativ bewertet werden. Qualitative Kriterien sind:

- Über- oder Untersegmentierungen (siehe Abb. 4.8):
  1. Keine „Löcher“ in der Segmentierung einer geschlossenen Oberfläche (in unserem Fall: Unterkieferknochen)
  2. Möglichst wenig Segmentierung von Bildartefakten
  3. Nur das gewünschte Objekt sollte segmentiert werden (beispielsweise nicht das umliegende Weichteilgewebe bei der Segmentierung eines Knochens)

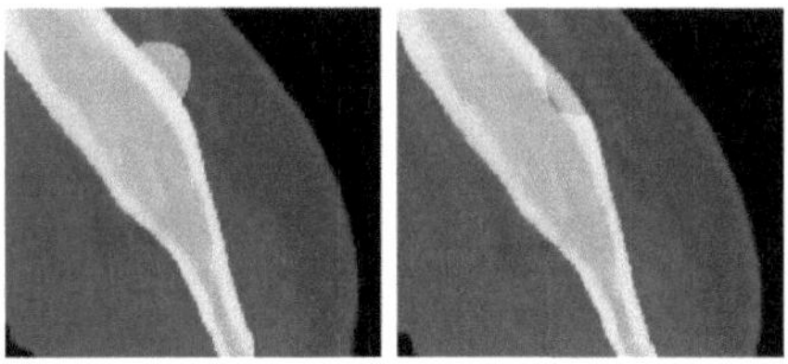

Abbildung 4.8: Beispiel für eine Übersegmentierung (links) und eine Untersegmentierung (rechts)

Im Folgenden sollen mögliche quantitative Methoden für die Evaluierung der Güte von Segmentierungsergebnissen beschrieben werden [27]. Die vorgestellten Methoden sind auch bekannt als empirische Vergleichsmaße.

Unterschiedlichkeitsmaße

Die Ähnlichkeit zweier geometrischer Objekte kann durch *Unterschiedlichkeitsmaße*, welche die Distanz zwischen zwei Objekten wiedergeben, beschrieben werden. Je größer die Distanz, desto größer ist der Unterschied der Formen.
Für die weitere Betrachtung von Unterschiedlichkeitsmaßen ist folgende Definition nötig:

Definition einer Metrik: Sei V eine beliebige Menge. Eine *Metrik* auf V ist eine Abbildung $d : V \times V \rightarrow \mathbb{R}$, sodass $\forall\, x, y, z \in V$ folgende Bedingungen erfüllt sind [28]:

1. Identität: $d(x, x) = 0$
2. Eindeutigkeit: $d(x, y) = 0 \Rightarrow x = y$
3. Symmetrie: $d(x, y) = d(y, x)$
4. Dreiecksungleichung: $d(x, y) \leq d(x, z) + d(z, y)$

Es gilt außerdem: $d(x, y) \geq 0$, d.h. jede Metrik ist nicht negativ.

Unterschiedlichkeitsmaße sollten die Eigenschaften einer Metrik besitzen, da diese Eigenschaften dem natürlichen Distanzempfinden entsprechen.

Minkowski-Distanz: Da es in dieser Arbeit überwiegend um Objekte im dreidimensionalen Raum geht, beschränken wir uns bei der Minkowski-Distanz und der weiteren Betrachtung nur auf Punkte in $\mathbb{R}^3$. Für zwei Punkte $\mathbf{r} = (r_1, r_2, r_3), \mathbf{t} = (t_1, t_2, t_3)$ ist die *Minkowski-Distanz* definiert als

$$L_q(\mathbf{r}, \mathbf{t}) = \left(\sum_{j=1}^{3} |r_j - t_j|^q \right)^{\frac{1}{q}} , \tag{4.8}$$

wobei sich für $q = 1$ die sogenannte Manhatten-Distanz und für $q = 2$ die Euklidische-Distanz ergeben.

Überlappungsmaße

Neben Unterschiedlichkeitsmaßen zur Bewertung der Segmentierungsergebnisse existieren *Überlappungsmaße*, die auf der Überlappung zweier Objekte basieren [29]. Das Segmentierungsergebnis wird dabei als Menge von Voxelelementen aufgefasst. Die Ähnlichkeit der Objekte wird durch die Überlappung der Mengen bewertet. Bei vollständiger Überlappung und damit maximaler Ähnlichkeit liegt eine Identität vor, bei minimaler Ähnlichkeit hingegen ist die Schnittmenge zweier betrachteter Mengen von Bildelementen leer.

Jaccard-Koeffizient: Seien V und W Mengen von Bildelementen mit der Mächtigkeit $|V|$ und $|W|$. Der *Jaccard-Koeffizient* ist definiert als [30]:

$$J(V, W) = \frac{|V \cap W|}{|V \cup W|}. \tag{4.9}$$

In 3D entspricht die Schnittmenge $(V \cap W)$ dem von den Objekten V und W gemeinsamen Volumen. Nimmt der Jaccard-Koeffizient den Wert 1 an sind die betrachteten Mengen V und W identisch. Bei einem Wert von 0 hingegen liegt keine Überlappung der beiden Mengen vor.

Distanzmaße

Um die Distanz zwischen den Oberflächen der Objekte zu bestimmen, ist es notwendig jeweils nächstgelegene Punktpaare zu finden.

Hausdorff-Distanz: Bei der Hausdorff-Distanz wird für alle Punkte der einen Menge der nächstgelegenste Punkt der anderen Menge gesucht. Anschließend wird aus diesen Werten das Maximum bestimmt. Wenn V und W zwei Mengen und $d(v, w)$ eine Distanz zwischen zwei Punkten darstellt (z.B. die Minkowski-Distanz (4.8) für $q = 2$), so ist die *Hausdorff-Distanz* definiert als [29]

$$H(V,W) = \max\{h(V,W), h(W,V)\}, \text{ mit } h(V,W) = \max_{v \in V} (\min_{w \in W} d(v,w)). \tag{4.10}$$

Mit der Hausdorff-Distanz wird die maximale Distanz zwischen zwei Mengen von Punkten bestimmt.

Mittlere Distanz: Wenn V und W zwei Mengen und $d_{\min}(v,W) = \min_{w \in W} d(v,w)$ die Distanz zwischen den nächstgelegensten (Mengen-)Elementen v und w in den Mengen V und W darstellt, so ist die *mittlere Distanz* definiert als

$$M(V,W) = \frac{1}{|V|} \sum_{v \in V} d_{\min}(v,W), \tag{4.11}$$

wobei häufig die *symmetrische mittlere Distanz*

$$M_{sym}(V,W) = \frac{1}{|V|} \sum_{v \in V} d_{\min}(v,W) + \frac{1}{|W|} \sum_{w \in W} d_{\min}(w,V). \tag{4.12}$$

verwendet wird, um keinerlei Informationen zu verlieren. Des weiteren wird auch die *symmetrische, quadratische mittlere Distanz*

$$M_{sq}(V,W) = \sqrt{\frac{1}{|V|} \sum_{v \in V} d_{\min}(v,W) + \frac{1}{|W|} \sum_{w \in W} d_{\min}(w,V)}, \tag{4.13}$$

angewendet. Da Ausreißer stärker gewichtet werden, ist der symmetrische, quadratische mittlere Abstand weitaus empfindlicher gegenüber lokalen Unterschieden als die mittlere Distanz.

4.4.2 Gütekriterien Formmodell

Für die Evaluierung von statistischen Formmodellen haben sich drei Gütekriterien etabliert.

1. **Spezifität**
   Die Spezifität Ω_{Spez} wird durch die Erstellung von n_M neuen Instanzen in Anlehnung an Gleichung (3.8) durch zufällige Variation der Formparameter gemäß (3.10) und anschließendem Vergleich mit Objekten aus dem Trainingsdatensatz bestimmt.
   Für die Spezifität eines statistischen Formmodells (SFM) gilt

$$\Omega_{Spez}(n) = \frac{1}{n_M} \sum_{r=1}^{n_M} \min_i ||q_r(n) - x_i||\,, \text{ mit } i = 1, ..., n_D. \tag{4.14}$$

   Dabei bezeichnet $\{q_r : r = 1, \ldots, n_M\}$ die zuvor erstellten n_M-Instanzen in Abhängigkeit der für die Rekonstruktion verwendeten Hauptmoden. Für jede generierte Instanz wird der Abstand zu der ähnlichsten Form der Trainingspopulation bestimmt.
   Ein spezifisches Modell erstellt folglich stets valide Instanzen der jeweiligen Objektklasse, da diese ähnlich zu den Ausprägungen des Trainingsdatensatz sind. Je spezifischer dabei das Modell, desto kleiner ist der Wert von Ω_{Spez}.

2. **Generalisierungsfähigkeit**
   Die Generalisierungsfähigkeit Ω_{Gen} wird durch die Erstellung eines statistischen Formmodells unter Auslassung des k-ten Formvektors (*„Leave-one-out“*-Test) bestimmt. Das statistische Formmodell wird anschließend dazu verwendet, eine möglichst genaue Rekonstruktion von x_k zu erstellen.
   Davies [14] beschreibt den Algorithmus in folgender Weise:

   for $j = 1 \ldots n_D - 2$ **do**
     for $k = 1 \ldots n_D$ **do**
       1. Erstelle das Modell aus dem Trainingsdatensatz ohne die Form x_k
       2. Berechne den Parametervektor b um die Form x_k rekonstruieren zu können:
         $b^{(\not k)} = (P^{(\not k)})^T (x_k - \overline{x}^{(\not k)})$
       3. Rekonstruiere die Form x_k und benutze dabei j Hauptmoden:
         $\hat{x}_k(j) = \overline{x}^{(\not k)} + \sum_{i=1}^{j} p_i^{(\not k)} b_i^{(\not k)}$
       4. Berechne den quadratischen Fehler:
         $\sigma_k^2(j) = ||x_k - \hat{x}_k(j)||^2$
     end for
     Berechne den gesamten, mittleren quadratischen Fehler:
       $\Omega_{Gen}(j) = \frac{1}{n_D} \sum_{k=1}^{n_D} \sigma_k^2(j)$
   end for

   Die Generalisierungsfähigkeit wird ebenfalls in Abhängigkeit der Anzahl an Hauptmoden n bestimmt und ergibt sich formal zu [31]

   $$\Omega_{Gen}(n) = \frac{1}{n_D} \sum_{i=1}^{n_D} \min_r ||q_r(n) - x_i||, \quad \text{mit } r = 1, ..., n_M. \tag{4.15}$$

   Mit Hilfe der Generalisierungsfähigkeit kann die Fähigkeit des Formmodells zur Repräsentation neuer, unbekannter Formen bewertet werden.
   Es ist wünschenswert ein statistisches Formmodell zu erstellen, welches nicht nur Instanzen erzeugt, die ähnlich zu Objekten im Trainingsdatensatz sind, sondern eine möglichst große Anzahl von Instanzen aus der betrachteten Klasse repräsentieren kann.

3. **Kompaktheit**
   Bei der Erstellung neuer Formen mit Hilfe des Modells werden die Formparameter b_j gemäß Gl. (3.8) entsprechend (3.10) variiert. Ein kompaktes Modell benötigt weniger Formparameter b_j, um denselben Anteil der Formvariabilität abbilden zu können. Neue Instanzen können bei einem kompakten Modell folglich mit einer geringeren Anzahl an Hauptmoden p_j erstellt werden als bei einem weniger kompakten Formmodell. Letztendlich ist die Kompaktheit als Gütekriterium nicht generell anwendbar, da ein kompaktes Modell nicht zwangsläufig auch ein gutes Modell ist.

Es ist offensichtlich, dass die Gütekriterien *Spezifität* und *Generalisierungsfähigkeit* komplementär zueinander sind. Eine Optimierung der Spezifität führt zu einer Verschlechterung der Generalisierungsfähigkeit, währenddessen eine Optimierung der Generalisierungsfähigkeit in der Regel in einer schlechteren Spezifität resultiert.

5 Ergebnisse

5.1 Evaluierung der Segmentierung

5.1.1 Qualitative Evaluierung

Die Segmentierungsstrategien aus Kapitel 4.2 sollen im Folgenden bewertet werden. Auf Grund der Komplexität des Kieferknochens ist eine Segmentierung mit dem in Kapitel 4.2 vorgestellten kantenorientierten Verfahren nicht möglich. Der Kieferknochen besitzt sowohl innerhalb der Knochenstruktur, an den Zähnen als auch an der Oberfläche eine Vielzahl verschiedener Kanten. Zudem erschweren die Bildartefakte eine genaue Lokalisation der äußeren Kanten. Eine Eingrenzung der Oberflächenkanten für die Segmentierung ist deshalb nahezu nicht möglich. Dies führt unmittelbar dazu, dass die Konturen aus dem Kieferknochen „auslaufen“ und sich somit bis zur nächsten Kante ausbreiten. Die Parameter des kantenorientierten Verfahrens aus Kapitel 4.2 werden deshalb bei der nachfolgenden Auswertung nicht näher betrachtet.
Weitaus bessere Ergebnisse sind mit dem regionenorientierten Verfahren aus Kapitel 4.2 erzielbar. Im ersten Schritt wird der minimale und maximale Intensitätswert des Unterkieferknochens bestimmt. Diese Werte können dann als untere bzw. obere Schwellwerte benutzt werden, um die zu segmentierende Struktur einzugrenzen.
Die *Smoothness* $\in [1.0 \ldots 10.0]$ beschreibt wie glatt der Übergang zwischen der zu segmentierenden und der nicht zu segmentierenden Fläche ist. Je größer die Smoothness, desto steiler ist der Übergang zwischen der zu segmentierenden und der nicht zu segmentierenden Fläche. Bei den folgenden, exemplarischen Segmentierungen wurde der Algorithmus jeweils nach 1200 Iterationen abgebrochen, um die Ergebnisse vergleichen zu können.

Abbildung 5.1: Einfluss der Smoothness auf die Güte der Segmentierung: Ergebnisse bei Verwendung einer Smoothness von 3.0, 5.0, 7.0 und 10.0 (von links nach rechts).

Abbildung 5.1 zeigt den Einfluss der Smoothness auf die Güte der Segmentierung. Eine Erhöhung der Smoothness führt zu einer leichten Verbesserung der Segmentierungsgüte. Dabei werden „Löcher“ verkleinert. Es ist aber auch erkennbar, dass Bildartefakte deutlich stärker segmentiert werden und somit qualitativ eine Smoothness von 7.0 die besten Ergebnisse liefert.

In Abbildung 5.2 ist der Einfluss der Anzahl an initialen Konturen dargestellt. Mit steigender Anzahl an initialen Konturen lässt sich eine Verbesserung der Segmentierungsgüte feststellen. Die Anzahl der initialen Konturen hat dabei keinen Einfluss auf die Segmentierung der Bildartefakte, lediglich die Größe und die Anzahl der Löcher nimmt ab. Die effizienteste Segmentierung ist deshalb aus qualitativer Sicht mit einer möglichst hohen Anzahl initialer Konturen durchführbar.

Abbildung 5.2: Einfluss der Anzahl an initialen Konturen auf die Güte der Segmentierung: Ergebnisse bei Verwendung von zwei, drei, vier und sechs initialen Konturen (von links nach rechts).

Der Parameter $\alpha \in [-1.00 \ldots 1.00]$ beschreibt den Einfluss der äußeren Kraft auf die Kontur (vgl. Kapitel 4.2) und wird hier als *Balloonforce* bezeichnet. Negative Werte für α kommen nicht in Erwägung, da in diesem Fall die Konturen permanent kleiner werden und daher eine Segmentierung unmöglich ist. Mit Erhöhung des Einflusses der *Balloonforce* werden die Löcher in den segmentierten Daten kleiner, die segmentierten Bildartefakte hingegen nehmen zu (siehe Abb. 5.3).

Abbildung 5.3: Einfluss der Balloonforce α auf die Güte der Segmentierung: Ergebnisse bei Verwendung von $\alpha = 0.2$, $\alpha = 0.35$ und $\alpha = 0.5$ (von links nach rechts).

Der Parameter $\beta \in [0 \ldots 1]$ beschreibt hingegen den Einfluss der nach Innen wirkenden Kraft auf die Kontur und wird hier als *Curvatureforce* bezeichnet. Aus Abbildung 5.4 lässt sich qualitativ ableiten, dass mit kleinerem Wert für β die Güte der Segmentierung zunimmt. Je stärker der Einfluss der inneren Kraft, desto stärker wird die Kontur an ihrer Ausbreitung gehindert und gelangt deshalb nicht gleichmäßig in alle Bereiche des Unterkieferknochens, was zu einer mangelhaften Segmentierung des Unterkiefers führt. Zugleich wird die Kontur durch eine zu starke nach Innen wirkende Kraft daran gehindert Bildartefakte zu segmentieren. Für eine möglichst geringe Nachbearbeitung ist es jedoch wünschenswert möglichst wenige und möglichst kleine Löcher in den segmentierten Daten zu haben. Deshalb können mit $\beta = 0.1$ aus qualitativer Sicht die besten Ergebnisse erzielt werden.

Abbildung 5.4: Einfluss der Curvatureforce β auf die Güte der Segmentierung: Ergebnisse bei Verwendung von $\beta = 0.1$, $\beta = 0.2$ und $\beta = 0.6$ (von links nach rechts).

Die Radien und die Positionen der initialen Konturen haben keinen signifikanten Einfluss auf die Segmentierungsgüte und sollen deshalb nicht qualitativ bzw. quantitativ bewertet werden.

5.1.2 Quantitative Evaluierung

Die quantitative Evaluierung der unterschiedlichen Segmentierungen erfolgt mit Hilfe des Jaccard-Koeffizienten und der Hausdorff-Distanz. Zunächst ist die Erstellung einer Referenzsegmentierung notwendig, die aus subjektiver Sicht eine optimale Segmentierung des Unterkieferknochens darstellt. Zu diesem Zweck erfolgt eine Segmentierung mit den oben genannten Parametern und eine manuelle Nachbearbeitung auf möglichst exakte Weise.

Parameter	Jaccard-Koeffizient	Hausdorff-Distanz [pixels/mm]
Smoothness = 3.0	0.54234	35.68/13.98362
Smoothness = 5.0	0.54539	40.26/15.77964
Smoothness = 7.0	0.54588	45.23/17.72794
Smoothness = 9.0	0.54579	45.23/17.72794
Smoothness = 10.0	0.54589	45.23/17.72794
Anzahl initialer Konturen = 2	0.42298	32.94/12.90983
Anzahl initialer Konturen = 3	0.54234	35.68/13.98326
Anzahl initialer Konturen = 4	0.54306	35.68/13.98326
Anzahl initialer Konturen = 6	0.54350	35.68/13.98326
Balloonforce $\alpha = 0.2$	0.53725	31.00/12.14975
Balloonforce $\alpha = 0.35$	0.54234	35.68/13.98362
Balloonforce $\alpha = 0.5$	0.54466	39.51/15.48485
Curvatureforce $\beta = 0.1$	0.54505	43.17/16.92110
Curvatureforce $\beta = 0.2$	0.54234	35.68/13.98362
Curvatureforce $\beta = 0.6$	0.52434	14.00/05.48698

Tabelle 5.1: Jaccard-Koeffizient und Hausdorff-Distanz in Abhängigkeit der jeweiligen Parameter zur quantitativen Bewertung der jeweiligen Segmentierung

Im Anschluss daran wird der Jaccard-Koeffizient bzw. die Hausdorff-Distanz zwischen der Referenzsegmentierung und der betrachteten Segmentierung berechnet. Das Ergebnis dieser Berechnung ist in Tabelle 5.1 dargestellt. Die Hausdorff-Distanz beschreibt dabei den maximalen Abstand zwischen der Referenzsegmentierung und der betrachteten Segmentierung. Mit der Hausdorff-Distanz ist es möglich die Segmentierung der Bildartefakte quantitativ zu bewerten. Je geringer die Hausdorff-Distanz, desto kleiner ist häufig der Anteil der segmentierten Bildartefakte, da die segmentierten Bildartefakte meist am weitesten von der eigentlichen Form des Unterkiefers entfernt sind.
Mit dem Jaccard-Koeffizienten kann hingegen die Segmentierung bezüglich der „Löcher“ quantitativ bewertet werden. Da die Referenzsegmentierung keine Bildartefakte enthält, beschreibt das durch den Jaccard-Koeffizienten beschriebene überlappende Volumen der Referenzsegmentierung mit der betrachteten Segmentierung die Güte der Segmentierung des Unterkieferknochens bezüglich der Löcher in der Oberfläche. Löcher in der Segmentierung führen somit unmittelbar zu einer Verkleinerung des Jaccard-Koeffizienten. Insgesamt bestätigen die berechneten, quantitativen Ergebnisse die bereits zuvor qualitativ hergeleiteten Ergebnisse. Allerdings ist die äußerst geringe Hausdorff-Distanz für $\beta = 0.6$ hervorzuheben. In Abbildung 5.4 lässt sich erkennen, dass die Bildartefakte in diesem Fall tatsächlich nur in einem sehr geringen Maß segmentiert wurden und damit den geringen Hausdorff Abstand begründen. Jedoch ist auch erkennbar, dass die Löcher relativ gross sind, was ebenso aus dem geringen Jaccard-Koeffizienten abzuleiten ist.

5.2 Evaluierung des Formmodells

5.2.1 Qualitative Evaluierung

In den Abbildungen 5.5 bis 5.8 sind die ersten drei Hauptmoden der erstellten Modelle bei unterschiedlicher Wahl des Parameters ϵ (4.6), der initialen Korrespondenz und der Anzahl an Landmarken dargestellt. Die Abbildungen zeigen die erstellten Formen mit der Hauptkomponentenanalyse (3.8) durch die Wahl unterschiedlicher b_j in den jeweiligen Hauptmoden.
Die Hauptmoden des Modells mit initialer SPHARM-Korrespondenz (siehe Kapitel 4.3) für $\epsilon = 0.01$ und $\epsilon = 0.0015$ sind in Abbildung 5.5 bzw. 5.6 dargestellt.
Zweifelsfrei ist ein Unterschied in der ersten Hauptmode zwischen dem Modell mit $\epsilon = 0.01$ und $\epsilon = 0.0015$ erkennbar. Bei kleinerem ϵ ist in der ersten Hauptmode eine stärkere Variation der Unterkieferform als bei größerem ϵ möglich. Dabei ist mit unterschiedlicher Wahl der b_j sowohl eine Variation des Winkels zwischen Unterkieferast und Unterkieferknochen als auch der „Dicke“ des Unterkiefers möglich. Ausserdem kann die Form des Muskel- und des Gelenkfortsatzes stark variiert werden.
In der zweiten Hauptmode hingegen kann die Unterkieferform bei dem Modell mit $\epsilon = 0.01$ stärker als bei dem Modell mit $\epsilon = 0.0015$ variiert werden. Daraus lässt sich ableiten, dass bei $\epsilon = 0.0015$ weniger Formparameter erforderlich sind, um dieselbe Formvariabilität abbilden zu können. Der Unterschied zwischen den beiden Modellen ist in der dritten Hauptmode nicht mehr so gravierend. Zudem ist die „Amplitude“ der Formvariationen innerhalb der dritten Hauptmode nicht derart stark wie in den Hauptmoden zuvor. Diese Tendenz lässt sich auch für höhere Hauptmoden beobachten.
Aus qualitativer Sicht lassen sich bei der Erstellung neuer Formen mit dem SPHARM-Modell, das mit $\epsilon = 0.0015$ erstellt wurde, mehr Formdetails berücksichtigen.

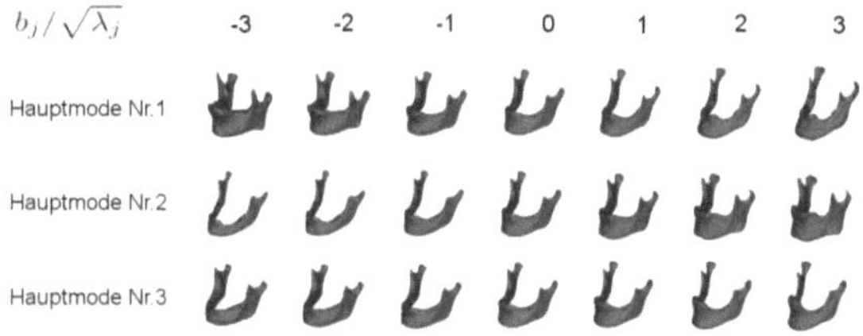

Abbildung 5.5: Statistisches Formmodell mit initialer SPHARM-Korrespondenz und $\epsilon = 0.01$

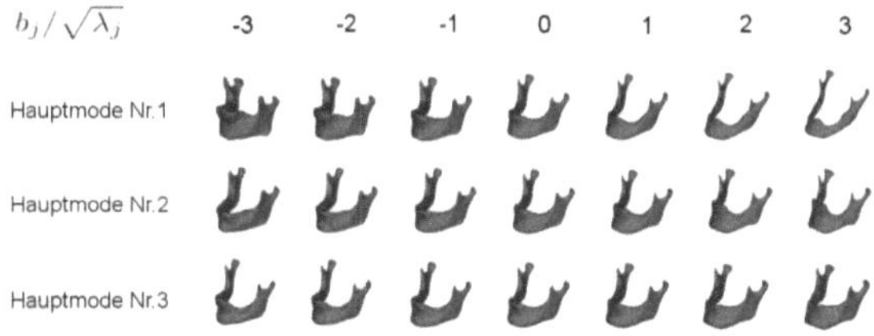

Abbildung 5.6: Statistisches Formmodell mit initialer SPHARM-Korrespondenz und $\epsilon = 0.0015$

Des weiteren besitzen die erstellten Formen für das Modell mit $\epsilon = 0.0015$ qualitativ mehr Ähnlichkeit zu den Formen aus dem Trainingsdatensatz als das Modell mit $\epsilon = 0.01$.
In den Abbildungen 5.7 und 5.8 sind die Hauptmoden des Modells mit 7842 Landmarken für $\epsilon = 0.01$ und $\epsilon = 0.0015$ dargestellt. Bei der qualitativen Visualisierung der Modelle mit 7842 und 10242 Landmarken ist nur ein marginaler Unterschied feststellbar, deshalb wird hier nur das Modell mit 7842 Landmarken dargestellt. Den Einfluss der Anzahl an Landmarken auf die Modellerstellung wird im Kapitel 5.2.2 quantitativ ausgewertet.
Grundsätzlich kann auch bei diesem Modell, dessen initiale Korrespondenz auf der äquidistanten Abtastung der initialen Parametrisierung (vgl. Abb. 3.1) beruht, der Einfluss der Konstante ϵ (Gl. (4.6)) auf die Modellgüte beobachtet werden. Für $\epsilon = 0.0015$ sind ebenso wie beim SPHARM-Modell in der ersten Hauptmode stärkere Variationen der Form des Unterkieferknochens als für $\epsilon = 0.01$ festzustellen. Die erstellten Formen in der zweiten Hauptmode hingegen variieren mit steigendem b_j weitaus stärker für $\epsilon = 0.01$ als für $\epsilon = 0.0015$. Auch bei diesem SFM nimmt die „Amplitude" der Formvariationen mit steigender Hauptmode ab.
Wie bei der initialen SPHARM-Korrespondenz hat auch bei der initialen Korrespondenz durch äquidistante Abtastung ein geringerer Wert für ϵ aus qualitativer Sicht ein besseres Modell zur Folge. Mit geringerem Wert für ϵ werden zusätzliche Formdetails berücksichtigt, was an einer besseren Repräsentation der Formen zu beobachten ist (z.B. bessere Darstellung im Bereich der Zähne und der Muskel- bzw. Gelenkfortsätze). Außerdem weisen die Formen eine größere Ähnlichkeit mit denen des Trainingsdatensatzes auf.

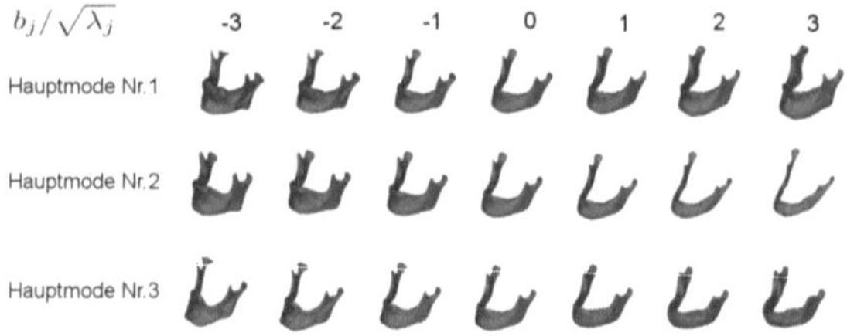

Abbildung 5.7: Statistisches Formmodell mit 7842 Landmarken und $\epsilon = 0.01$

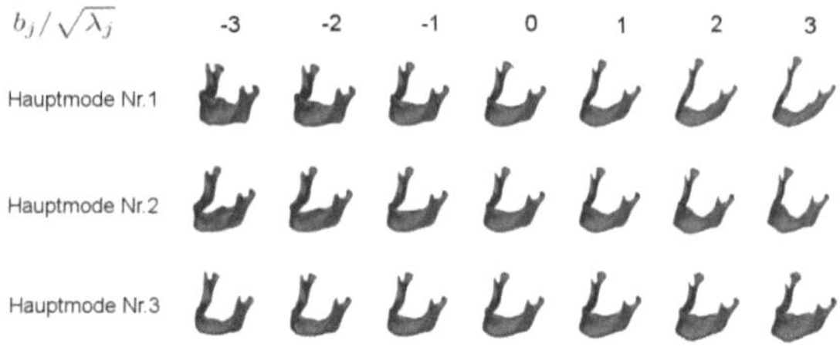

Abbildung 5.8: Statistisches Formmodell mit 7842 Landmarken und $\epsilon = 0.0015$

Bei einem Vergleich des „SPHARM-Modells“ (Abb. 5.6) mit dem „Landmarken-Modell“ (Abb. 5.8) ist auf den ersten Blick nur ein geringer Unterschied erkennbar. Da die Oberfläche glatter ist, wirkt das „SPHARM-Modell“ qualitativ besser.
Aus qualitativer Sicht lässt sich jedoch nicht beschreiben, welches Modell die Formen aus dem Trainingsdatensatz oder generell Formen aus der Objektklasse des Unterkiefers besser repräsentieren kann. Im folgenden Kapitel werden deshalb die Modelle mit Hilfe der Gütekriterien Spezifität Ω_{Spez} und Generalisierungsfähigkeit Ω_{Gen} aus Kapitel 4.4.2 quantitativ bewertet.

5.2.2 Quantitative Evaluierung

Die Abbildungen 5.9 und 5.10 zeigen die quantitative Bewertung der Güte der verschiedenen Modelle bezüglich ihrer Spezifität (4.14) sowie ihrer Generalisierungsfähigkeit (4.15). Die Generalisierungsfähigkeit bzw. die Spezifität wird in Abhängigkeit der Hauptmoden (hier mit Anzahl Parameter bezeichnet) bestimmt. Sowohl die Generalisierungsfähigkeit als auch die Spezifität kann mit verschiedenen Metriken ausgewertet werden. Dabei werden in der Literatur

- Landmarken [32], [33],
- Punkt [34],
- Volumen [35] und
- Oberflächen [36]

Abbildungsverzeichnis

Literaturverzeichnis

[1] H. LAMECKER: *Variational and Statistical Shape Modeling for 3D Geometry Reconstruction.* Doktorarbeit, Freie Universität Berlin, Fachbereich Mathematik und Informatik, 2008.

[2] T. HEIMANN und H.P. MEINZER: *Statistical Shape Models for 3D Medical Image Segmentation: A Review.* Medical Image Analysis, 13:543–563, 2009.

[3] T.F. COOTES, C. TAYLOR, D.H. COOPER und J. GRAHAM: *Active Shape Models–Their Training and Application.* Computer Vision and Image Understanding, 61(1):38–59, 1995.

[4] S.M. PIZER, P.T. FLETCHER, S. JOSHI, A. THALL, J.Z. CHEN, Y. FRIDMAN, D.S. FRITSCH, A.G. GASH, J.M. GLOTZER, M.C.R. JIROUTEK, C. LU, K.E. MULLER, G. TRACTON, P. YUSHKEVICH und L.C. EDWARD: *Deformable M-Reps for 3D Medical Image Segmentation.* International Journal of Computer Vision, 55:85–106, 2003.

[5] G. GERIG, M. STYNER, D. JONES, D. WEINBERGER und J. LIEBERMAN: *Shape Analysis of Brain Ventricles using SPHARM.* In: *Proceedings of the IEEE Workshop on Mathematical Methods in Biomedical Image Analysis*, Seiten 171–178, 2001.

[6] A. MATHENY und D.B. GOLDGOF: *The Use of Three- and Four-Dimensional Surface Harmonics for Rigid and Nonrigid Shape Recovery and Representation.* IEEE Transactions on Pattern Analysis and Machine Intelligence, 17(10):967–981, 1995.

[7] B. DONG, Y. MAO, I.D. DINOV, Z. TU, Y. SHI, Y. WANG und A.W. TOGA: *Wavelet-Based Representation of Biological Shapes.* In: *ISVC '09: Proceedings of the 5th International Symposium on Advances in Visual Computing*, Seiten 955–964, Berlin, Heidelberg, 2009.

[8] B. TSAGAAN, A. SHIMIZU, H. KOBATAKE und K. MIYAKAWA: *An Automated Segmentation Method of Kidney Using Statistical Information.* In: *MICCAI '02: Proceedings of the 5th International Conference on Medical Image Computing and Computer-Assisted Intervention-Part I*, Seiten 556–563, London, UK, 2002.

[9] I.L. DRYDEN und K.V. MARDIA: *Statistical Shape Analysis.* John Wiley & Sons, 1997.

[10] M. ROTH: *Intraoperative fluoroskopiebasierte Patientenlageerkennung zur präzisen Unterstützung chirurgischer Eingriffe.* Doktorarbeit, Technische Universität München, 2000.

[11] D.G. KENDALL: *The Diffusion of Shape.* Advances in Applied Probability, 9:428–430, 1977.

[12] M.B. STEGMANN und D.D. GOMEZ: *A Brief Introduction to Statistical Shape Analysis.* Technischer Bericht, University of Denmark, DTU, 2002.

[13] F.L. BOOKSTEIN: *Landmark Methods for Forms Without Landmarks: Localizing Group Differences in Outline Shape.* Medical Image Analysis, 1(3):225–244, 1997.

[14] R. DAVIES, C. TWINNING und C. TAYLOR: *Statistical Models of Shape*, Kapitel Objective Functions, Seiten 67–94. 2008.

[15] M. SCHOENIG, T. HEIMANN und H.P. MEINZER: *Parametrisierung geschlossener Oberflächen für die Erzeugung von 3D-Formmodellen.* In: *Bildverarbeitung für die Medizin 2007*, Seiten 394 – 398, 2007.

[16] CH. BRECHBUHLER, G. GERIG und O. KUBLER: *Parametrization of Closed Surfaces for 3-D Shape Description.* Computer Vision and Image Understanding, 61:154–170, 1995.

[17] X. GU, Y. WANG, T.F. CHAN, P.M. THOMPSON und S. YAU: *Genus Zero Surface Conformal Mapping and Its Application to Brain Surface Mapping.* IEEE Transactions on Medical Imaging, 23:949–958, 2003.

[18] H. LAMECKER, T. LANGE und M. SEEBASS: *A Statistical Shape Model for the Liver.* In: *MICCAI '02: Proceedings of the 5th International Conference on Medical Image Computing and Computer-Assisted Intervention-Part II*, Seiten 421–427, London, UK, 2002.

[19] H. LAMECKER, T. LANGE und T. SEEBASS: *Erzeugung statistischer 3D-Formmodelle zur Segmentierung medizinischer Bilddaten.* In: *Bildverarbeitung fur die Medizin' 03*, Seiten 398–402, 2003.

[20] P.A. YUSHKEVICH, J. PIVEN, H.C. HAZLETT, R.G. SMITH, S. HO, J.C. GEE und G. GERIG: *User-guided 3D Active Contour Segmentation of Anatomical Structures: Significantly Improved Efficiency and Reliability.* NeuroImage, 31:1116–1128, 2006.

[21] P.A. YUSHKEVICH, J. PIVEN, H. CODY, S. HO, J.C. GEE und G. GERIG: *User-Guided Level Set Segmentation of Anatomical Structures with ITK-SNAP.* Insight Jounral, 1, 2005. Special Issue on ISC/NA-MIC/MICCAI Workshop on Open-Source Software.

[22] V. CASELLES, R. KIMMEL und G. SAPIRO: *Geodesic Active Contours.* International Journal of Computer Vision, 22(1):61–79, 1997.

[23] S.C. ZHU und A. YUILLE: *Region Competition: Unifying Snakes, Region Growing, and Bayes/MDL for Multi-band Image Segmentation.* IEEE Transactions on Pattern Analysis and Machine Intelligence, 18:884–900, 1996.

[24] L. IBANEZ, W. SCHROEDER, L. NG und J. CATES: *The ITK Software Guide - Second Edition*, 2005. Kapitel 6.7.3.

[25] S. GOLLMER: *A Unified Framework for Automatic Construction and Evaluation of 3D Statistical Shape Models.* Masterarbeit, Universität zu Lübeck, 2009.

[26] A.C.W. KOTCHEFF und C. TAYLOR: *Automatic Construction of Eigenshape Models by Direct Optimization.* Medical Image Analysis, 2(4):303–314, 1998.

[27] W.J. NIESSEN, C.J. BOUMA, K. L. VINCKEN und M.A. VIERGEVER: *Error Metrics for Quantitative Evaluation of Medical Image Segmentation.* In: *Performance Characterization in Computer Vision*, Seiten 275–284, 2000.

[28] E.T. COPSON: *Metric Spaces.* Cambridge University Press, 1968.

[29] T. HEIMANN: *Optimierung des Segmentierungsvorgangs und Evaluation der Ergebnisse in der medizinischen Bildverarbeitung.* Technischer Bericht, Deutsches Krebsforschungszentrum Heidelberg, 2003.

[30] T. TANIMOTO: *An Elementary Mathematical Theory of Classification and Prediction.* Technischer Bericht, IBM Research, 1958.

[31] R. DAVIES, C. TWINNING und C. TAYLOR: *Statistical Models of Shape*, Kapitel Evaluation of Statistical Models, Seiten 231–255. 2008.

[32] R. DAVIES, C. TWINING, T.F. COOTES, J.C. WATERTON und C. TAYLOR: *3D Statistical Shape Models Using Direct Optimisation of Description Length.* Seiten 3–20, 2002.

[33] M.A. STYNER, K.T. RAJAMANI, L.P. NOLTE, G. ZSEMLYE, G. SZEKELY, C. TAYLOR und R. DAVIES: *Evaluation of 3D Correspondence Methods for Model Building.* In: *Information Processing in Medical Imaging (IPMI*, Seiten 63–75, 2003.

[34] H. HUFNAGEL, X. PENNEC, J. EHRHARDT, N. AYACHE und H. HANDELS: *Computation of a Probabilistic Statistical Shape Model in a Maximum-a-posteriori Framework.* Methods of Information in Medicine, 48:1–6, 2009.

[35] T. HEIMANN, I. WOLF und H.P. MEINZER: *Automatic Generation of 3D Statistical Shape Models with Optimal Landmark Distributions.* Methods of Information in Medicine, 46:275–281, 2007.

[36] S. GOLLMER und T.M. BUZUG: *A Method for Quantitative Evaluation of Statistical Shape Models Using Morphometry.* In: *IEEE International Symposium on Biomedical Imaging: From Nano to Macro*, Seiten 448–451, 2010.

[37] H. LAMECKER, S. ZACHOW, A. WITTMERS, B. WEBER, H.C. HEGE, B. ELSHOLTZ und M. STILLER: *Automatic Segmentation of Mandibles in Low-Dose CT-Data.* International Journal of Computer Assisted Radiology and Surgery, 1:393–395, 2006.